BEI GRIN MACHT SICH IHR WISSEN BEZAHLT

- Wir veröffentlichen Ihre Hausarbeit,
  Bachelor- und Masterarbeit

- Ihr eigenes eBook und Buch -
  weltweit in allen wichtigen Shops

- Verdienen Sie an jedem Verkauf

Jetzt bei www.GRIN.com hochladen und kostenlos publizieren

Bibliografische Information der Deutschen Nationalbibliothek:

Die Deutsche Bibliothek verzeichnet diese Publikation in der Deutschen National-
bibliografie; detaillierte bibliografische Daten sind im Internet über http://dnb.d-
nb.de/ abrufbar.

Impressum:

Copyright © 2014 GRIN Verlag, Open Publishing GmbH
Druck und Bindung: Books on Demand GmbH, Norderstedt Germany
ISBN: 978-3-668-00995-0

Dieses Buch bei GRIN:

http://www.grin.com/de/e-book/302765/entstehungsfaktoren-fuer-anorexia-nervosa-
ist-praevention-bei-magersucht

Alessandra Böck

Entstehungsfaktoren für Anorexia nervosa. Ist Prävention bei Magersucht möglich?

GRIN Verlag

Einflussfaktoren Anorexia nervosa

Prüfungsleistung im Modul Ernährungserziehung und Beratung

Sommersemester 2014
Abgabetermin: 01.07.2014

Autor:

Alessandra Böck

Inhaltsverzeichnis

1 Einleitung

„Essen" nimmt im Alltag eines Menschen einen großen Stellenwert ein, es ist lebensnotwendig. Es ist jedoch auch geknüpft an soziale Interaktion. Zahlreiche TV-Sendungen und Kochbücher zelebrieren Essen geradezu, Restaurantbesuche und Essenseinladungen sind in unserer heutigen Gesellschaft nicht mehr wegzudenken. Doch nicht jeder kann Essen mit Genuss und Freude gleichsetzen. Einige Menschen empfinden es als etwas Belastendes und weichen von einem normalen Essverhalten ab. Die Grenzen zwischen anormalen Essverhalten und einem gestörten Essverhalten sind dabei oft fließend (Biedert E. 2008, Seite 7). In der Hausarbeit soll das Krankheitsbild der „Anorexia nervosa", der Magersucht, beschrieben werden, einer ernst zu nehmenden Erkrankung, welche drastische Auswirkungen auf alle wichtigen Lebensbereiche haben kann (Jacobi C. 1996, Seite 4). Neben der Beschreibung zur Definition, Diagnose und Symptomatik der Erkrankung wird das Hauptaugenmerk darauf gelegt, mögliche Einflussfaktoren aufzuzeigen. Die einzelnen Entstehungskriterien werden in individuelle, soziokulturelle sowie biologische Faktoren getrennt und abschließend in einem multifaktoriellen Erklärungsmodel beschrieben. In diesem Zusammenhang soll ausgearbeitet werden, inwieweit es möglich ist, dieser Erkrankung präventiv entgegen zu wirken.

2 Theoretischer Hintergrund

2.1 Namensherkunft

Die Bezeichnung „Anorexia nervosa" geht auf Sir William Gull zurück. Seit 1874 blieb der Begriff in medizinischer und wissenschaftlicher Literatur erhalten, obwohl er nicht ganz zutreffend ist (Black C. 1995, Seite 5). „Anorexia" kommt aus dem Griechischen und bedeutet Appetitlosigkeit (Reich G. 2004, Seite 18). Die meisten Magersüchtigen verspüren jedoch Hunger, auch wenn sie dies nicht zugeben. Die deutsche Bezeichnung „Magersucht" ist treffender, wenn man dem Begriff der „Sucht" nicht zu große Bedeutung beimisst (Black C. 1995, Seite 5). Die Zusatzbezeichnung „nervosa" steht für „nervlich" und soll wiedergeben, dass es sich hierbei um eine psychisch bedingte Erkrankung handelt (Reich G. 2004, Seite 18).

2.2 Klassifikation und Definition

Als Diagnose existiert die Magersucht erst seit Anfang des 20. Jahrhunderts (Meermann R. 2006, Seite 15). Die Ursachen der Erkrankung sind nicht vollkommen aufgeklärt. Somit können lediglich Syndrome, also eine gewisse Kombination von Symptomen, zur Klassifikation herangezogen werden (Black C. 1995, Seite 5). Eine Klassifikation und Definition der Krankheit kann mit Hilfe des ICD-10 vorgenommen werden.

Der ICD-10 ist ein wichtiges, internationales Klassifikationsschema für Krankheiten und wird von der Weltgesundheitsorganisation herausgegeben. Dieses standardisierte Schema ermöglicht es, Diagnosen für Epidemiologie, Gesundheitsmanagement oder klinische Zwecke zu geben (World Health Organization 2014). Die Abkürzung „ICD" steht für „internationale Klassifikation von Erkrankungen" (Reich G. 2004, Seite 18).

2.3 Diagnosekriterien
Die Diagnosestellung „Magersucht" muss durch Fachpersonal erfolgen. Sie soll dazu dienen, die Symptome der betroffenen Person zu ordnen. Dies soll die Möglichkeit geben, über angemessene Behandlungen zu entscheiden. Oft wird zur Diagnosestellung der ICD-10 der Weltgesundheitsorganisation verwendet. Dieses Schema schreibt folgende Kriterien vor, die erfüllt sein müssen um die Diagnose „Anorexia nervosa" zu stellen (Reich G. 2004, Seite 18).

Ein Körpergewicht, das mindestens 15 % unterhalb des Normalgewichts oder das in der Wachstumsphase zu erwartetenden Gewichts liegt, ist charakteristisch für eine Magersucht. Die Relation von Körpergewicht und Körpergröße kann mit dem Body-Mass-Index gemessen werden. Eine Magersucht liegt vor, wenn dieser einen Wert von 17,5 kg pro m^2 oder darunter ergibt. Der Verlust von Gewicht ist selbst herbeigeführt. Zusätzlich zur deutlich reduzierten Nahrungsaufnahme ist bei anorektischen Patienten selbst herbeigeführtes Erbrechen oder Abführen zu beobachten. Neben dem Gebrauch von Appetitzüglern und abführenden Mittel kann zudem eine gesteigerte körperliche Aktivität beobachtet werden. Typischerweise liegt eine Körperschema-Störung vor. Die Betroffenen haben große Angst davor zu dick zu werden und haben eine sehr niedrige Gewichtsschwelle für sich selbst bestimmt. Wenn die Krankheit vor der Pubertät einsetzt können wichtige Entwicklungsschritte dieser Phase angehalten oder aufgeschoben werden. Hier ist ein Einhalten des Wachstums zu beobachten. Bei Mädchen kann es zum Ausbleiben der Regelblutung und zur fehlenden Brustentwicklung kommen. Bei Jungen bleiben die Geschlechtsorgane kindlich. Wenn die Krankheitssymptome nachlassen, kann die Pubertätsentwicklung meist normal erfolgen (Dilling H. 2010, Seite 205-206).

Bei Erfüllung der Diagnosekriterien muss zusätzlich eine Differentialdiagnostik erfolgen, um mögliche körperliche Ursachen von Untergewicht auszuschließen. Hierzu sind internistische und neurologische Untersuchungen vorgeschrieben. Alle Erkrankungen, die einen

Gewichtsverlust auslösen können sind hierbei zu beachten, wie zum Beispiel Erkrankungen des Magen-Darm-Traktes. Außerdem muss aus psychiatrischer Sicht eine Abgrenzung von anderen Störungsbildern, wie beispielsweise einer Schizophrenie, vorgenommen werden. Diese kann Ursache dafür sein, dass die Betroffenen aufgrund von Wahnvorstellungen nicht mehr Essen (Meermann R. 2006, Seite 18).

2.4 Epidemiologie

Die Erkenntnisse zur Häufigkeit von Essstörungen stammen mehrheitlich aus Analysen von psychiatrischen Fallbeschreibungen oder Statistiken aus Krankenhäusern. Da jedoch nicht alle Betroffenen zu einer Behandlung kommen, besteht die Gefahr die Prävalenz des Krankheitsbildes zu unterschätzen (Steinhausen H. 2005, Seite 3). Ein bis drei Prozent der Frauen im jungen Erwachsenenalter, zwischen dem 15. und 25. Lebensjahr, leiden unter Magersucht (Meermann R. 2006, Seite 15). Magersucht tritt überwiegend bei jungen Frauen in westlichen Industrienationen auf. Jungen und Männer sind weit weniger betroffen. Personengruppen wie Turner, Balletttänzer und Fotomodelle sind besonders gefährdet. (Cuntz U. 2008, Seite 63). Bei Anorexia nervosa ist ein Krankheitsgipfel zwischen dem 15- und 19. Lebensjahr und ein Abfall zwischen dem 20. und 24 Lebensjahr zu verzeichnen (Steinhausen H., 2005 Seite 3-4). Außerhalb der westlichen Nationen tritt die Erkrankung wesentlich seltener auf und steht in Zusammenhang mit einem hohen Sozialstatus (Steinhausen H. 2005 Seite 4). Zusammenfassend ist zu betonen, dass die Anorexia nervosa in ihrer klinisch relevanten Ausprägung relativ selten vorkommt. Einzelne Symptome eines problematischen Essverhaltens, wie die Unzufriedenheit mit der Figur und gezügeltes Essverhalten sind in der Bevölkerung jedoch recht häufig verbreitet (Biedert E. 2008, Seite 13).

2.5 Symptomatik

Für das Krankheitbild der Anorexia nervorsa sind sowohl körperliche als auch psychische Symptome von Bedeutung. Als Leitsymptom wird oft das deutliche Untergewicht hervorgehoben (Jacobi C. 1996, Seite 5). Charakteristisch für die psychischen Symptome sind die Einschränkung der Nahrungsaufnahme, sowie eine ständige Beschäftigung mit Nahrung und dem Gewicht. Die Betroffenen sind davon überzeugt, dass ihr Körper zu dick ist. Diese verzerrte Vorstellung kann auch noch dann bestehen, wenn der Körper schon massiv ausgezehrt ist. Typischerweise beschäftigen sich die Patienten exzessiv mit den Nahrungsbestandteilen und deren Kalorien und werden rasch zu Spezialisten auf diesem Gebiet. Dies ist einhergehend mit der Reduktion von hochkalorischen Nahrungsmitteln. Der daraus folgende Gewichtsverlust wird von den Angehörigen oftmals erst nach Wochen und Monaten bemerkt (Steinhausen H., 2005 Seite 4).

Neben der Einschränkung der Nahrungsaufnahme können weitere psychopathologische Symptome auftreten. Oftmals geht ein sozialer Rückzug mit dem Fortschreiten der Erkrankung einher. Desweiteren können ein niedriges Selbstwertgefühl, Stimmungsschwankungen und Schlafstörungen beobachtet werden (Steinhausen H. 2005, Seite 5).

3 Einflussfaktoren und Entstehungsbedingungen

3.1 Störungen der Körperwahrnehmung

Es ist nachgewiesen, dass subjektiv empfundene Körperbildstörungen in engem Zusammenhang mit einem anormalen oder gestörten Essverhalten stehen (Rettenwander A. 2005, Seite 40). Ein negatives Körperbild ist ein zentrales Merkmal der Magersucht. Unzufriedenheit mit dem eigenen Körper und insbesondere dem Körpergewicht kann Prädikator für die Entwicklung eines essgestörten Verhaltens sein (Vocks S. 2010, Seite 14). Das Körperbild setzt sich durch perzeptive, kognitive, affektive und behaviorale Komponenten zusammen (Vocks S. 2010, Seite 3). Die perzeptive Komponente ist insofern beeinträchtigt, dass magersüchtige Personen ihre körpereigenen Dimensionen leicht überschätzen und diese nicht realistisch wahrnehmen. Die Entstehung eines verzerrten Körperbildes ist noch nicht gänzlich geklärt. Es wird jedoch angenommen, dass eine Überschätzung der eigenen Körpermaße nicht durch sensorische Defizite ausgelöst wird sondern eher als kognitives Phänomen gesehen wird, welches auf eine fehlerhafte Informationsverarbeitung zurückgeführt werden könnte (Meermann R. 2006, Seite 34). Die kognitive Komponente stellt die Gedanken und Einstellungen dar, die eine Person bezüglich ihres eigenen Körpers hat. Die affektive Komponente ist hierzu eng verknüpft. Sie ist gekennzeichnet durch negative Gedanken und Emotionen wie Trauer, Wut, und Ekel hinsichtlich des eigenen Körpers. Um diese negativen Gefühle zu reduzieren, werden bestimmte Verhaltensweisen angenommen. Beispielsweise werden von magersüchtigen Patienten Orte gemieden, an denen es üblich ist, sich leicht bekleidet zu zeigen, wie Schwimmbäder. Das Annehmen bestimmter Verhaltensweisen beschreibt die behaviorale Komponente des Körperbildes (Vocks S., 2010 Seite 17). Die Ausprägungen der unterschiedlichen Komponenten einer Körperbildstörung können stark variieren. Sie können jedoch nicht unabhängig voneinander betrachtet werde, sondern stehen im ständigen Einfluss zueinander (Vocks S. 2010, Seite 19). Neben der realitätsfernen Wahrnehmung der körpereigenen Dimensionen werden bei einigen Patienten zudem ausgeprägte Störungen in der interozeptiven Körperwahrnehmung deutlich, hier ist die Hunger- und Sättigungswahrnehmung oder die Geschmackswahrnehmung verschoben (Meermann R. 2006, Seite 34).

3.2 Soziokulturelle Faktoren

3.2.1 Personengruppen

Zu allgemeinen sozikulturellen Faktoren, die auf alle Mitglieder einer Kultur einwirken, müssen spezifische Faktoren, denen nur bestimmte Personengruppen unterliegen, berücksichtigt werden. Essstörungen treten gehäuft bei Personen auf, welche einer Arbeit oder einem Hobby nachgehen, bei welchen ein niedriges Gewicht von Vorteil ist oder dieses erfordert wird (Vocks S. 2010, Seite 20). Neben Balletschülerinnen, stellen Sportler der Gymnastik eine Risikogruppe dar.

Auffällig ist zudem, dass Störungen des Essverhaltens häufiger bei homosexuellen Männern auftreten. Für diese Personengruppe scheint das äußere Erscheinungsbild von zentralerer Bedeutung für das Selbstwertgefühl zu sein, als für heterosexuelle Männer. Ein ähnlich signifikanter Unterschied bei homosexuellen und heterosexuellen Frauen ist jedoch nicht zu verzeichnen (Vocks S. 2010, Seite 21)

Die meisten Studien zur Verbreitung von Magersucht wurden in den westlichen Industrienationen durchgeführt. Hier kommen Essstörungen verhältnismäßig häufiger vor, als in den Ländern der Dritten Welt. Die Krankheit ist in diesen Ländern zunehmend durch eine verstärkte Industrialisierung und einer Konfrontation mit den westlichen Medien und Schönheitsidealen (Zeeck A. 2008, Seite 48).
Auffällig ist, dass bestimmte Bevölkerungsgruppen ein geringeres Risiko für die Entstehung von Essstörungen aufweisen. Beispielsweise gibt es in der schwarzen Bevölkerung der USA weitaus weniger Menschen mit Magersucht Hier ist noch nicht klar, wodurch sich das seltenere Auftreten erklären lässt. Andere Schönheitsideale oder Tradition hinsichtlich des Essens in der Familie sind möglich. (Zeeck A. 2008, Seite 49).

3.2.2 Das Schlankheitsideal der westlichen Gesellschaft

Essstörungen treten fast ausschließlich in westlichen Überflussgesellschaften auf. Die Gesellschaft setzt heutzutage Schönheit mit Schlankheit gleich (Meermann R. 2006, Seite 32). Das in den Industrienationen propagierte Schlankheitsideal ist weit verbreitet. Eine tragende

Rolle bei dessen Entstehung ist den Einflüssen von Medien zuzuschreiben (Cuntz U. 2008, Seite 44). Diese Ideale werden zur Beurteilung und Auseinandersetzung mit dem eigenen Körper herangezogen (Meermann R. 2005, Seite 2006). Es wird ein Körpergewicht propagiert, welches nicht mit den physiologischen Gegebenheiten eines Menschen übereinstimmt. Eine dem heutigen Schönheitsideal entsprechend sehr schlanke Figur kann kaum durch normale Essgewohnheiten erreicht werden. Die Darstellung dieses Schönheitsideals ist in Werbung und Medien stets präsent. Der Gedanke schlank zu sein kann zur Besessenheit werden und dazu führen ungesunde Strategien zur Gewichtskontrolle einzuhalten (Biedert E. 2008, Seite 7). Die Diät-Industrie wuchs in den letzten Jahren immer mehr. Aus den Medien und der Diät-Industrie können Frauen entnehmen, dass sie an Gewicht verlieren sollten und dass dies durch die zahlreichen Diätmöglichkeiten auch gut schaffbar sei. Frauen wünschen sich einen schönen, jungen Traumkörper wie diesen, der durch Modelle in Zeitschriften und Werbungen dargestellt wird. Diesen zu erreichen ist jedoch unmöglich, da das Ideal einer Kunstfigur entspricht. Diesem Schönheitsideal nachzueifern und es zu erfüllen, ist nicht nur gefährlich sondern auch ein Einschnitt in die Individualität des Einzelnen. Der Körper soll in unserer Gesellschaft einer Norm entsprechen, welche zu erreichen massive Verluste in Lebendigkeit und Lebenslust mit sich bringt. Um das Idealbild hinsichtlich Körpergewicht und Figur zu erfüllen, würde man sich in eine körperliche Lage versetzen, in der es nicht mehr möglich wäre, den Alltag zu meistern. Hinzu kommen kognitive Einschränkungen die durch den Hungerzustand eintreten.

Das Bewusstsein darüber, dass Essen ein Grundbedürfnis darstellt, es lebensnotwendig ist, geht verloren, während gleichzeitig in verschiedenen Teilen der Erde viele Menschen aufgrund von Wasser- und Nahrungsmangel verhungern (Rettenwander A. 2005, Seite 56-57).

3.2.3 Soziale Schicht
Es ist zu beobachten, dass das Krankheitsbild der Magersucht gehäuft in höheren sozialen Schichten auftritt. Ein extremes Schlankheitsideal, unangemessene Gewichtssorgen, ausgeprägte Unzufriedenheit mit dem eigenen Körper und ein eingeschränktes Essverhalten sind in diesen Schichten häufiger zu finden. Diese Einstellungen begünstigen ein Diäthalten aus Schlankheitsgründen, welcher ein Vorläufer von Magersucht sein kann (Reich G. 2004, Seite 29).

3.2.4 Das weibliche Geschlecht

Ein wesentliches Merkmal der Erkrankung liegt in ihrer Epidemiologie (Cuntz U. 2008, Seite 45). Die Magersucht ist ein Krankheitsbild, welches überwiegend bei Mädchen und Frauen auftritt. Lediglich 10 Prozent der Betroffenen sind männlich. Mädchen und Frauen werden sehr viel häufiger über ihr Aussehen definiert, was diese geschlechtsspezifische Verteilung erklären könnte (Zeeck A. 2008, Seite 42). Der Druck auf Frauen steigt durch die Kopplung von Erfolg, Gesundheit und Schönheit (Meermann R. 2006, Seite 32).Der Status einer Frau wird häufig darin gemessen, wie hoch ihre Fähigkeit zum Aufbau und Erhalt von zwischenmenschlichen Beziehungen ist, wobei sie in eine potentielle Konkurrenz zu anderen Frauen tritt. Hierbei ist ihre physische Schönheit und ihr äußeres Erscheinungsbild von entschiedener Bedeutung. Schönheit und Attraktivität sind nicht zufällig ein wichtiger Bestandteil in der Erziehung von jungen Mädchen. Vom schönen Kleid bis hin zum Spielzeug der Puppe. Die Stellung der Frau in der Gesellschaft erfuhr zwar seit der Aufklärung eine deutliche Veränderung, viele zentrale Gegenstände der traditionellen Frauenrolle blieben jedoch unverändert. In einer Welt die vom männlichen Geschlecht dominiert wurde, wurde das attraktive Erscheinungsbild einer Frau zu einem entscheidenden Kriterium für funktionierende Beziehungen und beruflicher Karriere (Cuntz U. 2008, Seite 45-46).

3.2.5 Essen im Kontext sozialer Beziehungen

Der Umgang mit dem Essen begleitet einen Menschen von Beginn an. Schon beim ersten Kontakt zwischen Mutter und Neugeborenem kann dem Essen mehr Bedeutung als die Sicherung der Nahrungsaufnahme beigemessen werden.

Essen bedeutet zudem Geborgenheit, Wärme und Zuwendung (Zeeck A. 2008, Seite 49).

Es dient sowohl der körperlichen als auch der seelischen Bedürfnisbefriedigung (Biedert E. 2008, Seite 10). Das Essen und die Nahrungsaufnahme ist ein lebenswichtiges Grundbedürfnis. Zahlreiche Traditionen und Rituale die mit dem Thema zusammenhängen haben sich dort etabliert, wo Menschen aufeinander treffen. Einzelne Familienmitglieder finden sich täglich zusammen, um gemeinsam zu speisen. Das Essen ist wichtiger Bestandteil von Festlichkeiten (Zeeck A. 2008, Seite 49). Auch heute ist es üblich, dass sich die Familie zu einem gemeinsamen Essen zusammenfindet. Essen dient somit nicht nur der Sicherung der Nahrungsaufnahme sondern ist täglicher Rahmen für eine soziale Interaktion. Allerdings können diese Rituale durch veränderte Lebens- oder Arbeitsbedingungen nicht immer eingehalten werden. Dies hat zur Folge, dass immer häufiger außerhalb sozialer Kontrolle gegessen wird. Es ist denkbar, dass diese Bedingungen einen Auslöser für Essstörungen darstellen (Zeeck A. 2008, Seite 50).

3.3 Individuelle Faktoren

3.3.1 Emotionale Einflüsse

Die Magersucht kann ihren Ursprung in schwierigen und emotional belastenden Situationen haben. Bei Befragungen in der Öffentlichkeit, gaben etwa 70 % der Befragten an, dass emotionaler Stress und Belastungssituationen ihr Hungergefühl, und somit die Nahrungsaufnahme hemmt. Ein Organismus der emotionalem Stress ausgesetzt ist, schüttet vermehrt die Hormone Adrenalin und Noradrenalin aus. Diese hormonellen Schwankungen können den Appetit senken. Dieser Mechanismus kann eine Appetitsminderung während Stresssituationen erklären und Ansätze dazu geben, dass essgestörtes Verhalten seinen Ursprung in emotionalen Belastungen hat (Cuntz U. 2008, Seite 39).

3.3.2 Persönliche Lebensereignisse

Hungern kann Folge eines Traumas sein und kann magersüchtigen Menschen als Bewältigung dieses Erlebnisses dienen. Schmerzhafte Erinnerungen werden ausgeblendet und auf diese Weise kompensiert (Meermann R. 2006, Seite 32). Ein Trauma oder bestimmte Stressoren in der frühen Kindheit bleiben in den neuronalen Netzwerken des emotionalen Gedächtnisses verankert. Dies könnte die Konsequenz haben, dass früh traumatisierte Personen im weiteren Leben besonders empfindlich für Stress sind. Dies begünstigt zudem eine Anfälligkeit für psychosomatische Erkrankungen, wie die der Magersucht (Rüegg J. C. 2001, Seite 117). Die Ursache der Nahrungsverweigerung kann demnach ihren Ursprung in traumatisierenden Erlebnissen, wie einem sexuellen Missbrauch haben. So wird Essen von manchen Betroffenen als etwas Bedrohliches angesehen.

Sie projizieren negative Aspekte, die in Zusammenhang mit dem Erlebnis stehen, auf die Nahrungsaufnahme und erleben das Aufnehmen von Essen in den Mund als etwas Ekelhaftes und versuchen es rückgängig zu machen. Erbrechen oder die Verwendung von Abführmittel wird als etwas Befreiendes angesehen. So kann dem selbstherbeigeführten Erbrechen und dem Abführmittelmissbrauch eine hohe symbolische Bedeutung beigemessen werden (Zeeck A. 2008, Seite 82). Das Bemühen, seinen Körper durch Diäten zu modellieren, kann von schwierigen inneren Zuständen ablenken und Halt geben (Zeeck A. 2008, Seite 66).

3.3.3 Pubertät

Die Pubertät und deren zugehörigen körperlichen Veränderungen stellt eine besonders risikoreiche Zeit für die Entstehung dieser Essstörung dar (Biedert E. 2008, Seite 13). Die Adoleszenz geht für viele junge Menschen mit dem Gefühl seelischer Instabilität, Angst und Unsicherheit einher. Gerade in dieser Phase ist körperliche Attraktivität ein wichtiger Faktor bei der Selbstfindung (Meermann R. 2006, Seite 34). Die Magersucht tritt häufig während der Pubertät auf. Diese Phase charakterisiert sich durch sowohl starke körperliche Veränderungen als auch Veränderungen im persönlichen Erleben und Sozialverhalten. Jugendliche müssen in dieser Zeit mit neuen, ungewohnten, teilweise beunruhigenden Erfahrungen umgehen. Die Entwicklung der eigenen Identität, die mit dem Ablösen von den Eltern gekoppelt ist, funktioniert nicht immer reibungslos (Gerlinghoff M. 2001, Seite 75). Eine Magersucht beginnt meist zwischen dem 13. und 20. Lebensjahr. Viele Betroffenen geben an, dass eine zunehmende Angst vor dem Erwachsenwerden besteht. Dies kann zum einen die Angst vor körperlichen Veränderungen aber auch ein Gefühl von Überforderung, die mit gesteigerter Verantwortung einhergeht, ausdrücken (Zeeck A. 2008, Seite 56). Durch das Krankheitsbild der Magersucht hungern sich die Betroffenen in eine Situation zurück, in welcher sie jünger und hilfsbedürftiger sind. Auf der anderen Seite gehen die Betroffenen nicht auf die Hilfen von Außenstehenden, wie Eltern oder Freunden, ein. Diese Verhaltensweisen verdeutlichen das innerliche Zerwürfnis der Betroffenen. Magersüchtige haben oftmals noch sehr kindliche Wünsche und sehnen sich nach Unterstützung und Nähe. Wenn sie diese zulassen machen sie sich jedoch stark abhängig (Zeeck A. 2008, Seite 57). Zur Pubertät gehört, dass ein junger Mensch zu einem eigenständigen Individuum heranwächst. Dazu gehört auch, eine gewisse Distanz zu wichtigen Menschen aufzubauen, ohne Ängste davor zu haben dadurch die Beziehung zu verlieren. Eltern, denen es schwer fällt ihren Kindern während dieser Lebensphase gewisse Freiräume zu gewähren, erschweren es den Kindern sich von ihnen zu lösen. Die Anorexie kann hierbei einen Lösungsversuch bieten, da sie eine Art Kompromiss darstellt. Durch die Essstörung ist eine Distanzierung zu den Eltern möglich, jedoch bleiben die Betroffenen in ihrer Entwicklung zurück und bleiben in einer kindlichen Art und Weise gebunden (Zeeck A. 2008, Seite 58).

3.3.4 Familiäre Faktoren

Die Familie ist von großer Bedeutung für die seelische Entwicklung eines Kindes. Sie übt einen maßgeblichen Einfluss auf die Herausbildung kognitiver sowie sozialer Fähigkeiten aus. Dass den Eltern hiermit eine wichtige als auch schwierige Aufgabe zufällt, wird häufig missachtet. Die Erziehungsberechtigten werden meist ohne spezielles Vorwissen und ohne jegliche Vorbereitung mit dieser Aufgabe konfrontiert. So ist es nicht weiter erstaunlich, dass zahlreiche Familien zerbrechen. Wenn man nun die Familien von Magersüchtigen betrachtet, wird oft nicht sofort ersichtlich, weshalb ausgerechnet dies eine Ursache für die Erkrankung der Tochter oder des Sohnes sein sollte. So kommt der überwiegende Teil der Betroffenen aus der oberen Mittelschicht. Diese Familien legen häufig neben guten Leistungen in der Schule ebenso großen Wert auf eine Berufsausbildung und Karriere. Den Kindern dieser Familien mangelt es nicht an Förderung. Sie gehen teils kostspieligen Freizeitgestaltungen nach. Die traditionelle Rollenverteilung erscheint gut geregelt. Der Vater sorgt für die Ernährung der Familie, die Mutter ist zuständig für die Führung des Haushaltes und der Erziehung der Kinder. Besonders letzterer Aufgabe geht die Mutter mit besonderer Hingabe nach. Hierbei wird sie von anerkannten Vorstellungen wie beispielweise, guten schulischen Leistungen und gepflegten Äußerem, gelenkt. Dieser familiäre Hintergrund ist ein Beispiel vieler Magersüchtigen. Sie stammen häufig aus nach außen hin gesehenen „Bilderbuchfamilien" (Gerlinghoff M. 2001, Seite 65-66).

Eine Essstörung kann auf ungelöste Konflikte und unangemessene Kommunikation in der Familie zurückgeführt werden. Das gestörte Essverhalten ist als Ausdruck dieser Problematik zu verstehen. Es gibt keine typischen Merkmale von Familien essgestörter Menschen. Es bestehen jedoch gewisse Risikofaktoren, die das Ausbrechen einer Magersucht wahrscheinlicher machen. Hierzu gehört zum Beispiel das Auftreten der Erkrankung bei einem Elternteil. Konflikte zwischen den Eltern, hohes Leistungsdenken und ein Mangel von Kommunikation in der Familie begünstigen die Entstehung der Krankheit (Meermann R. 2006, Seite 32).

Desweiteren kann dem essensbezogenen Verhalten der Mütter von Betroffenen und deren Einstellungen und Vorstellungen hinsichtlich Körper, Gewicht und Figur eine hohe Relevanz bei der Entstehung einer Magersucht beigemessen werden. Auffällig ist, dass die Mütter der Betroffenen demnach häufiger ein ebenso auffälliges Essverhalten aufweisen (Rettenwander A. 2005, Seite 16). In Familienanamnesen von Magersüchtigen finden sich häufig Fälle von Anorexia nervosa und/oder Adipositas. Andere psychiatrische Störungen wie Depressionen, Suchterkrankungen und Zwangsstörungen kommen ebenso auffällig oft vor (Steinhausen H 2005, Seite 5).

3.3.5 Persönlichkeitsmerkmale
Ein Zusammenhang zwischen Magersucht und persönlicher Eigenschaften besteht. Bestimmte charakteristische Merkmale sind bei Magersüchtigen signifikant zu beobachten. Die Betroffenen sind nicht selten perfektionistisch, selbstunsicher und introvertiert (Cuntz U. 2008, Seite 54).
Ein Zusammenhang zwischen Magersucht und bestimmter persönlicher Eigenschaften besteht. Magersüchtige Menschen kontrollieren sich oftmals sehr stark. Zudem sind sie häufig leistungsorientiert und perfektionistisch. Viele Betroffene haben ein starkes Bedürfnis den

Erwartungen ihrer Eltern zu entsprechen und streben nach Anerkennung (Zeeck A. 2008, Seite 62).

3.4 Biologische Faktoren

3.4.1 Hormonelle und körperliche Faktoren

Untersuchte, untergewichtige Personen weisen einige auffällige Befunde auf. Das menschliche Gehirn ist von einer Flüssigkeit, dem Liquor umgeben. Hier befinden sich zahlreiche Hormone und Überträgerstoffe. Die Konzentration bestimmter Hormone, wie Vasopressin und Neuropeptid Y sind bei untergewichtigen Menschen erhöht. Wiederum andere Hormone, die am körpereigenen Schmerzregulationssystem beteiligt sind, wie Oxytocin, sind erniedrigt. Wenn ein Normalgewicht erreicht wird, normalisieren sich diese Hormonspiegel allerdings wieder. Deshalb ist davon auszugehen, dass die Veränderungen als Folge der Erkankung, nicht jedoch als Ursache zu bewerten sind. (Cuntz U. 2008, Seite 59). Bei ehemaligen und auch bei aktuellen Anorexie-Patienten ist zudem eine Störung des Serotoninspiegels auffällig. Hier fällt ein hoher Spiegel eines Abbauproduktes von Serotonin ins Gewicht (Meermann R. 2006, Seite 31).

Der Zusatz der Krankheitsbezeichnung „nervosa" lässt erkennen, dass rein körperliche Ursachen für die Entstehung der Krankheit ausgeschlossen werden können. Nichtsdestotrotz wurde das Hungern der Betroffenen über einen längeren Zeitraum als Folge einer hormonellen Störung angesehen. Dieser Aspekt wird durch das Ausbleiben der Periode gestützt. Zudem konnte festgestellt werden, dass die Regulierung der Sexualhormone gestört ist. Heute ist jedoch klar, dass diese Gegebenheiten die Folge des Gewichtsverlustes sind, nicht jedoch deren Ursache. Physische Faktoren spielen jedoch eine zentrale Rolle, in der Aufrecherhaltung einer enstehenden Anorexia nervosa (Vandereycken W. 2003, Seite 41-42). Bei Magersucht kann es dazu kommen, dass die Magenentleerung verlangsamt stattfindet. Dies hat zur Folge, dass der Magen schnell als gefüllt erscheint und eine weitere Nahrungsaufnahme zu Übelkeit und Brechreiz führt und Essen aus diesem Grund vermieden wird (Meermann R. 2006, Seite 31).

3.4.2 Genetische Prädisposition

Wichtigste Erkenntnisse darüber, ob eine Magersucht erblich bedingt sein kann, liefern Ergebnisse der Zwillingsforschung. Eineiige Zwillinge sind genetisch identisch, sie haben das gleiche Erbgut. Die Wahrscheinlichkeit, dass ein Zwilling erkrankt, wenn der andere bereits magersüchtig ist, liegt bei 50 Prozent. Dies allein, ist jedoch noch kein Indiz für Erblichkeit. Die untersuchten Zwillinge sind in derselben Familie aufgewachsen. Dies bedeutet, dass andere Faktoren aus dem sozialen Umfeld die Entstehung der Krankheit begünstigt haben könnten, nicht nur zwingend körperliche Bedingungen (Vandereycken W. 2003, Seite 42). Repräsentativere Ergebnisse zu einer genetischen Anfälligkeit für das Krankheitsbild Anorexie ergeben sich vorallem aus Familien- und Zwillingsforschungen. Bei eineiigen Zwillingen liegt in fast 90 % der Fälle bei beiden die Erkrankung vor. Bei zweieiigen Zwillingen und Geschwistern ist die genetische Disposition weitaus niedriger. Wenn ein Familienmitglied an Anorexie erkrankt, steigt das Risiko für Verwandte zu einem Drittel an. Es wird nun versucht zu ermitteln, welche genetischen Faktoren hierfür verantwortlich sein können. Hierzu werden aus weißen Blutkörperchen gewonnene Chromosomen von Betroffenen und deren Verwandten untersucht. Die Untersuchungen ließen erkennen, dass Essstörungen keine Folge von Veränderungen an den Chromosomen sind (Cuntz U. 2008, Seite 59). Es ist jedoch zu beobachten, dass Essstörungen in bestimmten Familien gehäuft auftreten. Dies kann ein Hinweis auf eine genetische Disposition sein (Zeeck A. 2008, Seite 74)

3.4.3 Molekulargenetik
Auch die Molekulargenetik befasst sich seit den letzten Jahren mit der biologischen Forschung über Essstörungen und soll Risikogene für diese Erkrankungen aufdecken (Rettenwander A. 2005, Seite 15). Es ist jedoch noch nicht absehbar, welche Fortschritte die molekulare Forschung bezüglich Anorexia nervosa in welchem Zeitraum machen wird. Für diese Art von Untersuchungen sind sehr große Fallzahlen notwendig und eine internationale Kooperation unabdingbar. Entscheidend ist, aufzudecken, welche Mechanismen als auslösende Faktoren für eine Magersucht von Bedeutung sind. Die molekulare Aufschlüsselung wäre einfacher, wenn es nur eine begrenzte Anzahl möglicher auslösender Faktoren geben würde. Je umfangreicher und unterschiedlicher die prädisponierenden Faktoren sind, desto schwierig ist es den auslösenden Faktor der Erkrankung zu identifizieren. Die Molekulargenetik ist wichtiger Bestandteil der heutigen Forschung, bisher lassen sich jedoch anhand des heutigen Forschungstandes noch keine Konsequenzen für mögliche Therapien ableiten. Desweiteren gibt es viele biologisch-psychiatrische und endokrinologische Befunde die im Zusammenhang mit Magersucht erforscht wurden. Fast alle dieser Befunde, die sich auf Ergebnisse in Folge eines Hungerzustandes beziehen, sind eng gekoppelt mit organischen Veränderungen. Dies erschwert es zu erkennen, was Folge und was Ursache einer Magersucht ist (Rettenwander A. 2005, Seite 16.)

4 Ätiologie – multikausales Erklärungsmodell

Die Anorexia nervosa ist eine Erkrankung die multifaktoriell bedingt ist. Zur Verdeutlichung kann ein ätiologisches Erklärungsmodell beschrieben werden. Dieses setzt sich aus prädisponierenden, auslösenden und aufrechterhaltenden Faktoren zusammen. Zu den prädisponierden Faktoren zählen bestimmte familiäre, soziokulturelle, biologische und individuelle Risikofaktoren (Jacobi C. 1996, Seite 14). Als spezifische Risikofaktoren für eine Erkrankung an Magersucht konnten bisher jedoch lediglich Schwierigkeiten während der Schwangerschaft oder Geburt, sowie Neurotizismus, einhergehend mit emotionaler Instabilität, einem niedrigem Selbstwert, Depressionen und Schuldgefühlen, belegt werden. Auslösende Faktoren für eine Essstörung können beispielsweise kritische Lebensereignisse, wie eine Vergewaltigung oder Trennungserfahrungen sein. Der familiäre Umgang mit dem Essen oder ein Diätenhalten kann ebenso als Auslöser beschrieben werden. Eine Essstörung kann aufrecht gehalten werden, durch einen bei den Erkrankten typisch beobachtbaren sozialen Rückzug und Interessensverlust. Neben kognitiven Bedingungen, wie Übergeneralisierungen, können biologische Faktoren eine Magersucht zudem aufrecht erhalten. Die Mangelernährung geht häufig mit Defiziten in der Konzentration sowie Stimmungsschwankungen einher. Auch ein reduzierter Energieverbrauch kann als Folge und aufrechterhaltender Faktor gesehen werden (Biedert E. 2008, Seite 21-22). Die auslösenden Faktoren und die psychosozialen Hintergründe der Betroffenen können sehr unterschiedlich sein. Wenn jedoch damit begonnen wird, auf Konflikte und negative Erfahrungen mit Hungern oder Erbrechen zu reagieren, kann unabhängig vom individuellen Ausgangspunkt ein Teufelskreis entstehen, den die Erkrankten nur sehr schwer durchbrechen können. Das Zusammenspiel von auslösenden und aufrechterhaltenden Faktoren manifestiert die Symptome einer Magersucht. Somit ist ein chronischer Verlauf der Erkrankung begünstigt. Die in der Hausarbeit beschriebenen Einflussfaktoren und Entstehungsbedingungen können einzeln nicht als spezifische Symptome einer Anorexia nervosa gesehen werden. Bis heute ist nicht vollends klar, warum und wann ein Betroffener oder eine Betroffene in einer kritischen Lebenssituation eine Essstörung entwickelt (Jabobi C. 1996, Seite 15).

5 Zusammenfassung

Die Magersucht ist eine psychisch bedingte, ernst zu nehmende Erkrankung. Charakteristisch für das Krankheitsbild ist das selbst herbeigeführte Untergewicht. Die Betroffenen beschäftigen sich überdurchschnittlich oft mit dem Thema Essen und sparen hochkalorische

Nahrungsmittel aus. Neben der deutlich reduzierten Nahrungsaufnahme kann bei Betroffenen selbstherbeigeführtes Erbrechen und ein Missbrauch von Abführmitteln beobachtet werden. Typischerweise liegt eine Körperschema-Störung vor, die Patienten empfinden sich als zu dick. Die Erkrankung tritt meist bei jungen Frauen und Mädchen in den westlichen Industrienationen auf.

Bestimmte Personengruppen, wie beispielsweise Balletttänzer sind besonders häufig betroffen. Die Ursachen für die Entstehung der Erkrankung sind noch nicht vollends geklärt. Es kann jedoch angenommen werden, dass verschiedene Faktoren das Auftreten von Anorexia nervosa begünstigen. Dazu sowohl gehören sozikulturelle Aspekte, wie beispielweise die Rolle des Geschlechts als auch individuelle Faktoren wie traumatisierende Ereignisse. Biologische Faktoren, wie genetische Disposition spielen ebenso eine Rolle. Die Magersucht ist eine Erkrankung die multifaktoriell bedingt ist. Ein Ausbruch der Erkrankung kann durch bestimmte prädisponierende Faktoren, wie familiäres Umfeld und individuelle Faktoren, beispielsweise dem weiblichen Geschlecht, begünstigt sein. Durch kritische Lebensereignisse, wie einer Vergewaltigung oder Trennungserfahrungen kann die Erkrankung ausgelöst werden. Bestimmte biologische und kognitive Faktoren begünstigen ein Aufrechterhalten der Essstörungen und können eine Chronifizierung begünstigen. Bisher ist jedoch unklar, wann und warum genau die Betroffenen diese Krankheit entwickeln.

6 Fazit - Ist Prävention bei Magersucht möglich?

In der Hausarbeit wurde versucht, das Thema Magersucht näher zu beleuchten. Der Schwerpunkt wurde auf die Ausarbeitung möglicher Einflussfaktoren und Entstehungsbedingungen dieser Erkrankung gelegt. Nur wenn die Risikofaktoren einer Krankheit bekannt sind, kann präventiv gehandelt werden und ein Krankheitsausbruch vermieden werden. Die in der Arbeit aufgeführten krankheitsbegünstigenden Faktoren sind vermutlich unvollständig. Es ist denkbar, dass es viele weitere Auslöser und Ursachen für eine Anorexia nervosa gibt, zu deren Relevanz zum heutigen Forschungsstand noch keine konkreten Angaben gemacht werden können. Das in Punkt 4 beschriebene Erklärungsmodel macht deutlich, dass eine Magersucht multikausal bedingt ist. Je mehr prädisponierende und auslösende Faktoren für die Entstehung einer Krankheit gegeben sind, desto schwieriger wird es auch, diesen vorzubeugen. Die Tatsache, dass bis heute nicht gänzlich geklärt werden konnte wann und wodurch genau diese Krankheit ausgelöst wird, erschwert eine Prävention zudem. Durch die einzelnen aufgezeigten Entstehungsbedingungen lassen sich jedoch einige mögliche Präventionsmaßnahmen ableiten. So ist eine frühe Information und Auseinandersetzung mit dem Thema sinnvoll, wenn man beachtet, dass der Krankheitsbeginn meist schon in der Pubertät stattfindet. Meiner Meinung nach kann den Medien und den darin propagierten Schönheitsideal eine hohe Bedeutung bei der Entstehung von Magersucht beigemessen werden. Diesbezüglich könnten in Schulen vermehrt Seminare und Vorträge abgehalten werden, die das Thema Schlankheitsideal der westlichen Gesellschaft aufgreifen. Es ist wichtig, den Heranwachsenden so früh wie möglich aufzuzeigen, dass das in Werbung und Zeitschriften vorgegaukelte Schönheitsideal, welches in unserer Gesellschaft mit Schlankheit gleichgesetzt wird, physiologisch anormal ist. Es ist zu Betonen, dass die Nacheiferung dieses irrealen „Vorbilds" gesundheitlich sehr bedenklich ist und schwere physische als auch psychische Folgen nach sich ziehen kann.

Eine Prävention aller möglichen Risikofaktoren ist meiner Meinung nach nur schwer möglich, da die meisten der aufgeführten prädisponierenden Kriterien, wie beispielsweise das weibliche Geschlecht, die soziale Schicht und das familiäre Umfeld eines Menschen, nicht beeinflussbar sind. Gerade letzterer Punkt ist bei der Vorbeugung dieser Erkrankung von großer Relevanz. Die Familie eines Menschen ist das einflussreichste Umfeld für den Aufbau einer seelisch gesunden Persönlichkeit. Kinder können hier einen genussvollen und gesunden Umgang mit Essen erlernen. Der Aufbau eines gesunden Selbstwertgefühls und der Umgang mit Konflikten werden ebenfalls maßgeblich durch die Familie beeinflusst. Somit können bestenfalls mögliche Entstehungsbedingungen minimiert werden und das Krankheitsrisiko gesenkt werden. Zusammenfassend ist festzuhalten, dass eine Prävention der Krankheit Magersucht aufgrund ihrer zahlreichen möglichen und bisher unbekannten Ursachen nur schwer möglich ist, es jedoch einige Risikofaktoren gibt, denen man entgegenwirken kann.

7 Methodik

Zunächst musste ein Thema gefunden werden. Schnell wurde festgelegt, das Thema „Magersucht" näher zu betrachten. Hauptaugenmerk wurde auf die Einflussfaktoren und Entstehungsbedingungen der Erkrankung gelegt. Zu Beginn wurde über das Onlineportal der Hochschulbibliothek mittels der Suchwörter „Magersucht" und „Anorexia nervosa" nach geeigneter Literatur gesucht. Nach gründlichem Einlesen in gefundene Werke, wurden die recherchierten Informationen gesammelt und den im Voraus erarbeiteten Gliederungspunkten zugeordnet. Anschließend konnten die einzelnen Inhalte der Hausarbeit abgearbeitet werden.

Abschließend wurde eine Zusammenfassung der Arbeit erstellt. Hier wurde das Thema knapp wiedergegeben. Zur Quellenauflistung wurde mit dem Programm „Citavi" gearbeitet.

Literaturverzeichnis

Biedert, Esther (2008): *Essstörungen*. München, Basel: E. Reinhardt (UTB Profile, 3003).

Black, Claudia (1995): *Therapie der Magersucht und Bulimie. Anleitung zu eigenverantwortlichem Handeln*. Hg. v. Monika Gerlinghoff. Weinheim: Beltz, PsychologieVerl.-Union.

Cuntz, Ulrich; Hillert, Andreas (2008): *Essstörungen. Ursachen, Symptome, Therapien*. Orig.-Ausg., 4., überarb. Aufl. München: Beck (Beck'sche Reihe, 2087 : C.H. Beck Wissen).

Dilling, Horst (Hg.) (2010): *Taschenführer zur ICD-10-Klassifikation psychischer Störungen*. Mit Glossar und diagnostischen Kriterien ICD-10, DCR-10 und Referenztabellen ICD-10 v.s. DSM-IV-TR. 5., überarb. Aufl. unter Berücksichtigung der German Modification (GM) der ICD-10. Bern: Huber.

Gerlinghoff, Monika (2001): *Magersüchtig. Eine Therapeutin und Betroffene berichten*. Überarb. Neuausg. Weinheim, Basel: Beltz (Beltz-Taschenbuch, 833).

Jacobi, Corinna (1996): *Kognitive Verhaltenstherapie bei Anorexia und Bulimia nervosa*. Weinheim: Beltz (Materialien für die psychosoziale Praxis).

Meermann, Rolf (2006): *Essstörungen: Anorexie und Bulimie. Ein kognitiv-verhaltenstherapeutischer Leitfaden für Therapeuten*. 1. Aufl. Stuttgart: Kohlhammer (Störungsspezifische Psychotherapie).

Reich, Günter; Götz-Kühne, Cornelia; Killius, Uta (2004): *Essstörungen. Magersucht, Bulimie, Binge eating ; wie Sie Essstörungen erkennen und verstehen, aussteigen: welche Therapien Ihnen helfen, Wege zurück ins normale Leben*. Stuttgart: TRIAS (TRIAS-Therapie-Kompass).

Rettenwander, Annemarie (2005): *Anorexia nervosa und subjektive Krankheitstheorien. Was sehen (ehemals) magersüchtige Frauen als Ursachen für ihre Erkrankung?* Berlin: Logos Verlag Berlin.

Rüegg, Johann Caspar (2001): *Psychosomatik, Psychotherapie und Gehirn. Neuronale Plastizität als Grundlage einer biopsychosozialen Medizin*. Stuttgart: Schattauer.

Steinhausen, Hans-Christoph (2005): *Anorexia nervosa*. Göttingen: Hogrefe (Leitfaden Kinder- und Jugendpsychotherapie, Bd. 7).

Vandereycken, Walter; Meermann, Rolf (2003): *Magersucht und Bulimie. Ein Ratgeber für Betroffene und ihre Angehörigen*. 2., korrigierte und erg. Aufl. Bern, Göttingen, Toronto, Seattle: Huber (Aus dem Programm Huber: Psychologie-Sachbuch).

Vocks, Silja; Legenbauer, Tanja (2010): *Körperbildtherapie bei Anorexia und Bulimia nervosa. Ein kognitiv-verhaltenstherapeutisches Behandlungsprogramm*. 2., aktualisierte Aufl. Göttingen, Bern, Wien, Paris, Oxford, Prag, Toronto, Cambridge, Mass, Amsterdam, Kopenhagen Stockholm: Hogrefe (Therapeutische Praxis).

World Health Organization (2014): *Classifications. International Classification of Diseases (ICD)*. Online verfügbar unter http://www.who.int/classifications/icd/en/, zuletzt geprüft am 27.06.2014.

Zeeck, Almut (2008): *Essstörungen. Wissen was stimmt*. [Online-Ausg.]. Freiburg i. Br: Herder.